Olusegun Victor Oyetayo

Características morfológicas e estudo molecular de espécies de Trametes

Olusegun Victor Oyetayo

Características morfológicas e estudo molecular de espécies de Trametes

ScienciaScripts

Imprint

Cover image: www.ingimage.com

This book is a translation from the original published under ISBN 978-3-659-64056-8.

Publisher:
Sciencia Scripts
is a trademark of
Dodo Books Indian Ocean Ltd. and OmniScriptum S.R.L publishing group

120 High Road, East Finchley, London, N2 9ED, United Kingdom
Str. Armeneasca 28/1, office 1, Chisinau MD-2012, Republic of Moldova, Europe
Printed at: see last page
ISBN: 978-620-7-70745-4

Índice

Perfil do Prof. V.O. Oyetayo, o primeiro autor.

O Prof. V.0. Oyetayo é atualmente Professor de Microbiologia na Universidade Federal de Tecnologia, Akure, Nigéria. A sua área de especialização é a Microbiologia Alimentar e Industrial. A sua investigação centra-se no desenvolvimento de produtos bióticos

Alimentos. A sua investigação atual incide nas seguintes áreas:

(a) Avaliação das propriedades probióticas de bactérias do ácido lático (BAL) isoladas de alimentos fermentados nativos da Nigéria.

(b) Avaliação do potencial nutracêutico de fitoquímicos e zooquímicos obtidos de alimentos e macrofungos comestíveis/medicinais africanos.

(c) Delimitação de espécies de poliporales (macrofungos) selvagens indígenas da Nigéria utilizando primers ITS, TEF1, RPB1 e RPB2.

Isto envolve a identificação molecular destes macrofungos selvagens, a extração dos bioactivos presentes e o rastreio orientado para a atividade dos bioactivos quanto às suas potenciais propriedades nutracêuticas. O Prof. Oyetayo é autor de mais de 90 publicações. Oyetayo, V.O. é um bolseiro da Iniciativa Internacional de Bolsas de Estudo do Presidente do CAS (PIFI) de 2015 para o Instituto de Microbiologia, Academia Chinesa de Ciências, Pequim, China.

O segundo autor, Prof. Y-.J Yao, é professor no domínio da micologia. Recebeu graciosamente Oyetayo, V.O. no seu laboratório, State Key Laboratory of Mycology, Instituto de Microbiologia, Academia Chinesa de Ciências, Pequim, China. Este estudo foi realizado quando o primeiro autor, Oyetayo, V.O., esteve no laboratório de Yao no ano de 2015.

Resumo

A identificação de membros do género Trametes até ao nível de espécie ainda não foi estabelecida, principalmente devido ao problema da separação das espécies com base em características morfológicas. No presente estudo, foram analisados dados sequenciados gerados a partir de 26 espécies de *Trametes* recolhidas na Nigéria e designadas VO1 a VO26, a fim de identificar os espécimes ao nível das espécies. A árvore filogenética gerada utilizando a árvore de consenso bootstrap a partir dos dados ITS das 26 espécies de *Trametes* e das sequências do NCBI GenBank colocou as espécies de *Trametes* VO8, 9, 14, 15 e 17 no mesmo clado com *Trametes e/egans. As espécies de Trametes* designadas VO1, 4, 6,13 e 16 também foram aninhadas no mesmo clado que *Trametes po/yzona.* A identidade das outras espécies de *Trametes* (VO2, 3, 5, 7,10, 11, 12, 18, 19, 20, 21, 22, 23, 24, 25 e 26) não foi claramente revelada pela

Dados ITS. A aplicação do software de análise de dados para biologia molecular e evolução (DAMBE) revelou que as 26 *espécies de Trametess* pertencem a 5 espécies diferentes. Estas foram agrupadas da seguinte forma: Grupopl (VO8, 9,14,15,17, 20, 22, 23, 24, e 25); Grupo 2 (VO1, 4, 6, 13, 16, 21 e 26); Grupo 3 (VO2, 11, 12 e 18); Grupo4 (VO3, 7 e 10) e Grupo5 (VO19). Foram seleccionadas amostras representativas dos grupos da seguinte forma: Grupo1 (VO8), Grupo 2 (VO1); Grupo 3 (VO18); Grupo4 (VO10) e Grupo5 (VO19) com base na qualidade do DNA. O grupo selecionado foi posteriormente sequenciado utilizando genes codificadores de proteínas (TEF1, RPB1 e RPB2). A árvore filogenética gerada a partir de fragmentos de TEF1, RPB1 e RPB2 aninhou o Grupo1 (VO8) com *Trametes e/egans e* o Grupo2 (VO1) e o Grupo 4 (VO10) foram respetivamente colocados no mesmo clado com

Trametes polyzona e *Trametes cubensis*, exceto o fragmento RPB2 que colocou o Grupo 4 (VO10) no mesmo clado com *Trametes lactinea.* Os dados ITS de *T. lactinea* foram reportados como sendo idênticos a *T. cubensis,* uma espécie tipo de Cubamyces, um género criado por Murrill. O estudo revelou que os três genes codificadores de proteínas (TEF1, RPB1 e RPB2) resolveram melhor a identidade das espécies de *Trametes* recolhidas na Nigéria do que os dados ITS. No entanto, observou-se que o RPB2 resolveu a identidade do Grupo 3 (V018) como *T. cingulata,* enquanto os dados de sequência gerados a partir dos outros dois genes codificadores de proteínas (TEF1 e RPB1) não o fizeram.

Palavras-chave: Molecular, Polyporaceae, Trametes, Identidade, Árvore filogenética, Nigéria.

Capítulo 1

Introdução

Acredita-se que há mais fungos no mundo do que o relatado, especialmente nos trópicos e sub-saharana (Osemwegie *et al*, 2010). A implicação deste facto é a inconsistência dos relatórios sobre a estimativa global de fungos conforme relatado por diferentes autores (Hammond, 1992; Hawksworth, 1993 e Crous *et al*, 2006). Atualmente, há pouca ou nenhuma informação sobre a diversidade de cogumelos na Nigéria (Idu *et al*, 2007). Osemwegie e Okhuoya (2009) relataram que os cogumelos na Nigéria são pouco recolhidos, pouco estudados e relativamente subutilizados. A maioria dos estudos sobre cogumelos na Nigéria centra-se no cultivo de baixo custo, na nutracêutica e na etnomicologia, em vez da biodiversidade, taxonomia, biogeografia e ecologia (Osemwegie e Okhuoya, 2009).

Um grande desafio no campo da micologia na Nigéria é a identificação correcta dos macrofungos. Na maioria dos países em desenvolvimento, os cogumelos são identificados principalmente pela descrição morfológica dos corpos de frutificação, especificidade do hospedeiro e distribuição geográfica (Zakaria *et al*, 2009). Na maioria dos casos, as características morfológicas têm a sua limitação em permitir uma distinção fiável das características intra-específicas (Seo e Kirk, 2000). As técnicas moleculares podem ser utilizadas para caraterizar e identificar adequadamente as características intra e interespecíficas (Zakaria et *al*, 2009). Por conseguinte, as técnicas moleculares têm sido utilizadas para resolver dados contraditórios provenientes de características morfológicas.

Trametes Fr. é um fungo poliporóide de podridão branca encontrado em madeira dura (Tomsosky *eta!.*, 2006). Este género distingue-se por um basidiocarpo pileado, sistemas de hifas di- a trimíticas e esporos lisos não-dextroides (Ryvarden, 1991). As espécies de *Trametes* podem ser encontradas em quase todos os ecossistemas florestais em todo o mundo (Gilbertson e Ryvarden 1987). São ecologicamente importantes como decompositores e economicamente importantes como biorremediadores e biodegradadores de resíduos orgânicos celulósicos no ecossistema (Gilbertson e Ryvarden 1987). A sua distribuição é muito alargada e são constituídas por cerca de cinquenta espécies (Kirk *etal.,* 2008). Algumas espécies de *Trametes têm* sido utilizadas na medicina na China (Cui *etal.,* 2011). As propriedades antimicrobianas e antioxidantes de algumas das espécies de Trametes isoladas na Nigéria foram relatadas (Oyetayo *etal.,* 2013; Adeyelu *et al.*, 2016).

No entanto, as espécies de *Trametes* são cosmopolitas por natureza, apesar disso, a sua taxonomia ao nível das espécies é incerta (Carlson *etal.,* 2014). É bem sabido que o género Trametes representa um caos taxonómico (Ryvarden, 1991). A identificação molecular para a delimitação de espécies de fungos é geralmente efectuada através da utilização das sequências obtidas a partir da região ITS (Internal Transcribed Spacer) do rDNA. No entanto, a utilização da região ITS para a delimitação de espécies resultou em filogenias mal resolvidas e limites de espécies pouco claros, especialmente no complexo de espécies *T versicolor (T.versicolor* sensu stricto, *Tochracea, T pubescens, Tectypa}* (Carlson *etal.,* 2014).

Estudos filogenéticos inclusivos anteriores que se centraram em *Trametes* são os de Tomsovsky *et al.* (2006) e Ko e Jung (1999), que estudaram as sequências ITS (espaçadores transcritos internos 1 e 2, incluindo o rDNA nuclear 5.8S) e nLSU em 11 isolados representando sete espécies europeias e sequências mtSSU em sete isolados de *Trametes,* respetivamente. Os estudos apoiaram a colocação de espécies de *Trametes* no clado poliporoide central (Justo e Hibbet, 2011). O relatório de Carlson *et al.* (2014) é o estudo mais recente sobre a delimitação de espécies em Trametes. Os autores compararam os genes ITS, RPB1, RPB2 e TEF1 na resolução da delimitação de espécies em Trametes. O seu estudo revelou que os genes codificadores de proteínas (RPB1, RPB2, TEF1) superaram o ITS na separação das espécies no *complexo Tversicolor*.

O presente estudo tem como objetivo realizar um estudo molecular sobre espécies de *Trametes* recolhidas na Nigéria utilizando dados do marcador ribossómico (ITS) e genes codificadores de proteínas (RPB1, RPB2, TEF1) e examinar e discutir as implicações taxonómicas e nomenclaturais dos resultados.

Capítulo 2

Materiais e métodos

Locais de recolha.

Os espécimes foram colhidos em madeiras podres de *Gmelina arborea* na floresta perto da quinta de ensino e investigação da Universidade Federal de Tecnologia, Akure, área governamental local de Akure South do Estado de Ondo, Nigéria (Latitude: 7.3064N, Longitude: 5.12227E) entre setembro de 2014 e janeiro de 2015. A placa 1 é a fotografia viva de *Trametespolyzona* recolhida em Akure.

Capítulo 3

Observação morfológica

Foi efectuado um estudo microscópico dos basidiomas tal como descrito por Gilbertson e Ryvarden (1986). Secções à mão livre de corpos de fruto secos de espécies de *Trametes* foram colocadas numa lâmina de microscópio limpa e observadas. As características microscópicas foram observadas num microscópio de luz Zeiss Axiophot. Os espécimes foram identificados morfologicamente de acordo com Pegler (1977), Pegler e Piearce (1980), Singer (1986) e Callac e Guinberteau (2005). Todos os elementos e estruturas observados foram descritos. Os espécimes secos estão depositados no Departamento de Microbiologia, Universidade Federal de Tecnologia, Akure, Nigéria, e os duplicados estão preservados no Fungarium, Instituto de Microbiologia, Academia Chinesa de Ciências, Pequim, China (HMAS).

Capítulo 4

Extração e sequenciação de ADN

Foi obtido um total de 26 ADN de espécies de *Trametes a* partir de 19 corpos de fruto dos quais os dados ITS tinham sido estudados anteriormente em Oyetayo (2014) e estavam disponíveis 7 novos corpos de fruto recolhidos de setembro de 2014 a abril de 2015. Foram utilizados métodos padrão de isolamento de DNA empregando tampão de lise de cetiltrimetil amónio (CTAB) (Zolan e Pukkila 1986). A amplificação por PCR e a sequenciação da região ITS foram efectuadas com os primers ITS4 e ITS5 (White *et al.* 1990, Gardes e Bruns 1993). Os primers EF1-983F e EF1-1567R foram utilizados para amplificar aproximadamente 500 pb de TEF1 (Rehner e Buckley 2005). Os primers RPB1-Af e RPB1-Cr (Stiller e Hall 1997, Matheny et al. 2002) foram utilizados para amplificar a região conservada entre os domínios A e C de RPB1, com cerca de 1400 pb de comprimento. A região 6-7 do RPB2, com cerca de 700-800 pb de comprimento, foi amplificada com os primers RPB2-b6F e RPB2-b7.1R (Liu *et al.* 1999, Matheny 2005). A sequenciação do ADN foi efectuada com um sequenciador de ADN ABI (Applied Biosystems).

Capítulo 5

Alinhamento de sequências e análises filogenéticas

Os alinhamentos foram efectuados com o pacote Clustal W (Thompson *etal.,* 1997). As sequências alinhadas foram corrigidas manualmente e através da focalização nas posições de lacuna. Os dados das sequências de ADN foram analisados para obter a percentagem de divergência das sequências entre pares. Os dados obtidos a partir do alinhamento das sequências foram utilizados para desenhar diagramas de árvores utilizando o software MEGA 4. Foram montados dois conjuntos de dados ITS constituídos por um conjunto de dados alargado que inclui todas as sequências recentemente geradas e sequências publicamente disponíveis no GenBank e um conjunto de dados ITS central que inclui apenas os 26 isolados de espécies de *Trametes* que foram seleccionados para a geração de novos dados de genes codificadores de proteínas. A análise com DAMBE (Análise de Dados para Biologia Molecular e Evolução) revelou que as 26 espécies de *Trametes* recolhidas na Nigéria pertencem a 5 espécies diferentes. Estas foram reunidas individualmente para conjuntos de dados de RPB1, RPB2 e TEF1.

Capítulo 6

Resultados

Apresenta-se de seguida a descrição morfológica de três espécies comuns de Trametes recolhidas.

Traços e dimensões

Os basidiocarpos são anuais a perenes, sésseis a subsésseis, frequentemente na base estreitos, suborbiculares, corticosos ou subcoriáceos (Pratos 2 e 3).

O píleo é aplanado, reniforme, conchado ou flabeliforme, com 3,0-12 × 4,0-16,5 cm e 0,5-1,3 cm de espessura, cortiça e flexível quando fresco, mais rígido quando seco; superfície superior branca, creme, cinzenta, lustrosa ou mesmo enegrecida a partir da base em espécimes mais velhos, muito finamente tomentosa, logo calva, lisa ou concentricamente sulcada, frequentemente vergada ou com zonas elevadas ligeiramente irregulares; margem fina e frequentemente deflectida, regular ou lobada.

O contexto é branco a creme pálido, até 1,5 cm de espessura perto da base, lenhoso e duro quando seco.

A superfície **dos poros** é esbranquiçada, com mistura de poróides e daedalóides; poros redondos a angulares, 1-2 por mm; sinuosos-daedalóides e parte radialmente divididos, até 2,0 mm de largura, em parte puramente lamelados com lamelas rectas a sinuosas, 4-7 por cm, mesmo em espécimes poróides algumas partes do himenóforo terão normalmente algumas lamelas ou poros sinuosos.

Os tubos têm até 6,0 mm de comprimento e são concolores com o contexto (placa 4).

Caule ausente ou com até 3,0 cm de comprimento, 1,5 cm de largura, sólido, calvo, preso ao substrato com um disco de até 3,0 cm de largura, branco a creme pálido.

Os basidiósporos são 5,0-8,0 × 3,0-3,5 µm, cilíndricos a oblongos elipsoides, hialinos, lisos, de paredes finas (placa 5).

Os basídios têm 8,0-15 × 4,0-6,0 µm, são clavados, com 4 poros, com pinça basal ligação.

Trametes polyzona

Os basidiocarpos são corpos de frutificação anuais ou perenes, sésseis. O píleo é flaberiforme a reniforme, os espécimes antigos têm uma tonalidade esverdeada devido ao crescimento de algas (Placas 6 e 7).

A superfície é castanho-amarelada. Poros da superfície quando frescos creme a castanho, mais escuros quando secos, poros redondos angulares, 2-3 mm. As hifas têm 1,5 a 2,0 µm de diâmetro (placa 8).

Os basidiósporos são elipsoides a ligeiramente oblongos.

O tamanho **dos esporos** é, em média, de 6,0-8,0 x 4,0-5,0µm (Placa 9). *T polyzona* é encontrada em florestas secas, húmidas e molhadas, crescendo em madeira morta.

Trametes cubensis

O Trametes cubensis é um fungo descrito pela primeira vez por Jean Francois Montagne, e recebeu o seu nome atual por Pier Andrea Saccardo 1891. *Trametes cubensis pertence* ao género *Trametes* e à família Polyporaceae (Bisby *et al.* 2000; Kirk, 2010). Não há subespécies listadas no Catálogo da Vida (Bisby *etal.,* 2000).

Contexto creme, poros redondos, 2-3 por mm. Pileus trametóides, na sua maioria ostreiformes, sésseis, glabros, marginalmente creme mate, basalmente com crosta avermelhada.

Basidiósporos 7-9,5 × 3-3,5 µm (cilíndricos); esclerohifas 2-7 µm de diâm., simpodialmente ramificadas, sub-hialinas.- *Trametes cubensis* (Mont.) Sacc., Syll. Fung. 9: 198, 1891.- *Po/yporus cubensis* Mont., 1837-América do Norte (EUA-Louisiana, Flórida); América Central (Cuba, Belize); América do Sul (Venezuela, Colômbia, Brasil); Sul da Ásia (Índia); Austrália.- SD: possíveis propriedades como *T betu/ina.*

O espaçador interno transcrito (ITS4 e ITS5) foi utilizado para a identificação preliminar das 26 espécies de *Trametes recolhidas* na Nigéria. A identificação das 26 espécies de *Trametes recolhidas* na Nigéria utilizando BLAST resolveu provisoriamente a identidade das espécies de *Trametes da* seguinte forma *Trametes e/egans* (10); *Trametespoiyzona* (7), enquanto as restantes 8 não foram identificadas ao nível da espécie (Quadro 1). A árvore filogenética gerada utilizando a árvore de consenso bootstrap dos dados ITS das 26 espécies de *Trametes* recolhidas na Nigéria e as sequências do NCBI GenBank colocaram as espécies de *Trametes* em clados diferentes (Fig. 1). As espécies de *Trametes designadas* VO8, 9, 14, 15 e 17 foram colocadas ao lado de *Trametes e/egans* do GenBank. As espécies de *Trametes designadas* VO1, 4, 6, 13 e 16 foram colocadas no mesmo clado que *Trametes po/yzona.*

No entanto, o nome da espécie das seguintes espécies de *Trametes*, VO3, 5, 7, 10, 11, 12, 19, 20, 21, 22, 23, 24, 25 e 26 não foram bem resolvidos. A aplicação do software de análise de dados para biologia molecular e evolução (DAMBE) revelou que a espécie 26

As espécies de Trametess pertencem a 5 espécies diferentes. Estas foram agrupadas da seguinte forma:

Grupo 1 (VO8, 9,14,15,17, 20, 22, 23, 24, e 25); Grupo 2 (VO1,4, 6,13,16, 21 e 26); Grupo 3 (VO2,11,12 e 18); Grupo4 (VO3, 7 e 10) e Grupo5 (VO19).

Foram seleccionadas amostras representativas dos grupos da seguinte forma: Grupo 1 (VO8), Grupo 2 (VO1); Grupo 3 (VO18); Grupo 4 (VO10) e Grupo 5 (VO19) com base na qualidade do ADN. Estes grupos representativos sequenciados utilizando genes codificadores de proteínas (TEF1, RPB1 e RPB2) permitiram uma melhor separação das espécies de *Trametes* da Nigéria nas suas respectivas espécies. A árvore filogenética gerada a partir de fragmentos de TEF1 aninhou o Grupo 1 (VO8) com *Trametes e/egans* e o Grupo 2 (VO1) e o Grupo 4 (VO10) foram respetivamente colocados no mesmo clado com *Trametes po/yzona* e *Trametes cubensis* (Fig. 2). Do mesmo modo, o gene codificador da proteína RPB1 também resolveu claramente as identidades do Grupo 1 (VO8), do Grupo 2 (VO1) e do Grupo 4 (VO10), respetivamente como *Trametes e/egans, Trametes* po/yzonae *Trametes cubensis*(Fig.3). O gene codificador de proteínas RPB2 colocou, respetivamente, o Grupo 1 (VO8) e o Grupo 2 (VO1) no mesmo clado das sequências de *Trametes e/egans* e *Trametes po/yzona* obtidas do NCBI GenBank. RPB2 colocou ainda o Grupo 3 (VO18) no mesmo clado com *Trametes cingu/ata* (Fig. 4). No entanto, o Grupo 4 (VO10), que foi anteriormente identificado como *Trametescubensisty* TEF1 e RPB1 genes codificadores de proteínas, foi aninhado no mesmo clado que *Trametes /actinea* quando as sequências RPB2 foram usadas para gerar uma árvore filogenética usando máxima parcimónia (Fig.4).

Capítulo 7

DISCUSSÃO

A classificação taxonómica das espécies de *Trametes* proposta por várias autoridades tem sido questionada ao longo dos anos. Isto porque as espécies de *Trametes* são consideradas como o grupo de géneros mais confuso em Polyporaceae (Cui *etal.,* 2011). As espécies de *Trametes* são um dos géneros mais familiares entre os poliporos; no entanto, a sua taxonomia ao nível das espécies ainda não está resolvida (Carlson *etal.,* 2014). O problema da amostragem esparsa, os desafios da separação de espécies de *Trametes* com base em caracteres morfológicos e a história nomenclatural complicada de espécies tropicais e subtropicais de Trametes dificultam a resolução da taxonomia ao nível das espécies no género Carlson *et al.* (2014). Por conseguinte, a aplicação de dados sequenciados e a observação morfológica exaustiva foram propostas para resolver este problema (Hibbett e Donoghue, 1995; Ko e Jung, 1999; Tomsovsky *etal.,* 2006; Zhang et al., 2006; Miettinen e Larsson, 2010).

Características gerais: fungos que habitam a madeira, formando basidiomas anuais ou perenes, sésseis ou pouco estipitados, resistentes (constituídos principalmente por esclerohifas), não xantocrómicos, com himenóforos de uma camada com poros, raramente celas ou lamelas; hifas generativas com grampos; esporos lisos, de paredes finas, inamilóides: cilíndricos a elipsóides; causam podridão branca ativa. Tipo de género: *Trametes suaveo/ens* (L.) Fr.

Hábito: (a) trametóide-séssil, com o contexto estéril mais espesso do que a camada himenofórica na base, mas diminui em direção à margem; b) coriolóide-séssil, com o contexto estéril igual à camada himenofórica na base e diminui em direção à margem; (c) cenidioide-séssil, com contexto estéril igual ou mais fino do que a camada himenofórica, com a mesma espessura em todo o lado; d) poliporoide-estipitado, com contexto estéril mais espesso do que a camada himenofórica na base, diminuindo em direção às margens.

Tamanhos: a) minúsculo (1-3 cm na maior dimensão); b) médio (3-10 cm na maior dimensão); c) grosso (mais de 12 cm na maior dimensão).

Superfície da face superior: a) tomentosa - com uma camada exterior solta composta por numerosos pêlos pequenos e erectos; b) vilosa - coberta por pêlos finos esparsos, sem formação de uma camada solta; c) estrigosa - coberta por pilares erectos ásperos (fascículos aglutinados de esclerohifas); d) híspida - coberta por pêlos ásperos, pilares e cristas; e) esquálida - coberta apenas por cristas ásperas; f) glabra - sem pêlos e cristas: (i) crustoso-como cutícula cornescente, (ii) fosco-como campo lanoso. Ver Fig. 1.

Escultura geral da face superior: a) escrupulosa - com insuflações irregulares semelhantes a verrugas; b) estriada - com pregas ectas dispostas radialmente; c) sulcada - com filas concêntricas.

Contexto: composto por uma massa hifal densamente compactada com predominância de esclerohifas. Quando os esclerohifas são hialinos, o contexto é branco a creme; quando os esclerohifas são pigmentados, o contexto é bronzeado a castanho. Em secção: (a) homogéneo; (b) duplex: (i) na densidade, (ii) na coloração.

Hymenóforo: (a) poróide - tubular, com poros profundos, arredondados ou alongados; b) irpicoide - dentado, resultado da divisão dos poros; c) hexagonóide - constituído por tubos curtos (celas) com grandes poros hexagonais; d) favoloide - o mesmo que hexagonóide, mas com celas radialmente alongadas; (e) Labiríntica (daedaleóide) - com poros alongados dispostos radialmente, por vezes misturados com lamelas; f) Lamelada (lenzitóide) - com lamelas dispostas radialmente ou em forma de fonte, não misturadas com lamelas (em contraste com Lentinus).

Sistema hifal: foi caracterizado como dimítico (hifas generativas e esqueléticas presentes) ou trimítico (hifas generativas, esqueléticas e de ligação presentes) em vários membros do género.10,11 A revisão recente9 elimina uma distinção prinicipal entre hifas esqueléticas e de ligação (ambos os tipos substituem uma hifa pseudoesquelética no núcleo do basidioma ou nas suas áreas marginais, respetivamente). Basicamente, o sistema hifal de Trametes é dimítico - com escleródios arboriformes ou simpaticamente ramificados.

Sclerohyphae: (a) ramificação simpodial - mais ou menos dicotómica, com raras ramificações num centro de dendrite e cada vez mais ramificações na periferia da dendrite; (b) arboriforme - com forte elemento axial e eixos de apêndice regulares.

Elementos himeniais estéreis: (a) leptocistidia - elemento oblíquo misturado na paliçada basidial: células fusóides do mesmo comprimento que os basídios; (b) hifas - elemento bastante regular em todo o género: os fascículos de hifas generativas aglutinadas sobressaem do himénio; (c) escleródios-elementos setiformes não ramificados ou ramificados ligados a esclerohifas, sobressaem do himénio, raramente cobrem o píleo; os últimos elementos distribuem-se esporadicamente no género *(T cubensis, T e/egans, T betu/ina* e vários outros).

Basídios: uniformes em todo o género, tipicamente clavados com segmento epibasidial inflado, 4 esporos, apertados na base, 4,5-6,5 µm de largura, 12-30 µm de comprimento.

Basidiósporos: tipicamente cilíndricos - em esporos grandes com a parte superior ligeiramente insuflada, raramente a parte basal; no grupo 2 (Key) elipsóides a ovóides.

A região do espaçador transcrito interno (ITS) do rDNA, que é o marcador molecular mais comumente usado para a delimitação de espécies em fungos, apresentou uma baixa variação molecular em Trametes (Carlson *eta/.,* 2014). O ITS resultou em filogenias mal resolvidas e limites de espécies pouco claros, especialmente no complexo de espécies *T versicolor (T versicolor* sensu stricto, *T ochracea, T pubescens, T ectypa*[Y]) (Carlson *eta/.,* 2014).

A utilização de genes codificadores de proteínas: RNA polimerase II subunidade 1 (RPB1**);** RNA polimerase II subunidade (RPB2); Fator de reforço da transcrição 1 (TEF1) foi sugerido. No presente estudo, os fragmentos ITS gerados a partir do rDNA das 26 espécies de *Trametes* recolhidas na Nigéria revelaram provisoriamente que aproximadamente 38% (10 amostras) pertencem à espécie *Trametes e/egans-;* 23% (7 amostras) pertencem a *Trametes po/yzona* enquanto os restantes 39% (9 amostras) foram identificados como pertencendo ao género *Trametes* species (Quadro 1). Num estudo anterior, foi relatado que as espécies de *Trametes* da Nigéria estão mais relacionadas com *T lactinea, T e/egans, T po/yzona, T cingu/ata* e *T ijubarskii* com uma relação percentual de 96 a 99% (Oyetayo, 2014). A árvore filogenética gerada a partir das sequências ITS das espécies de *Trametes* recolhidas na Nigéria e das sequências obtidas no NCBI GenBank foi capaz de resolver a identidade de *Trametes e/egans* e *Trametes po/yzona* entre as 26 espécies de *Trametes* analisadas (Fig. 1). *A espécie de Trametes* designada na amostra VO13 foi aninhada no mesmo clado com *Trametes po/yzona* (JN164978.1) proveniente do Gana. Este facto mostra uma relação estreita entre *T po/yzona* da Nigéria e do Gana, um país vizinho na África Ocidental

Os genes codificadores de proteínas foram capazes de resolver as identidades das amostras representativas (Grupo1 (VO8), Grupo 2 (VO1); Grupo 3 (VO18); Grupo4 (VO10) e Grupo5 (VO19) obtidas após a separação utilizando o software DAMBE, melhor do que as sequências geradas a partir de ITS. Árvore filogenética gerada a partir de TEF1 e

Os fragmentos RPB1 aninharam especificamente o Grupo 1 (VO8); Grupo 2 (VO1) e Grupo 4 (VO10) no mesmo clado com *Trametes e/egans, Trametes po/yzona* e *Trametes cubensis* (Figs. 2 e 3). Especificamente, a TEF1 aninhou VO1 no mesmo clado com *Trametes po/yzona* (KF573034.1) colhido no Gana, enquanto VO10 foi aninhado no mesmo clado específico com *Trametes cubensis* (JN 164883.1) proveniente do MIssissipi, EUA. Do mesmo modo, RPB1 aninhou especificamente VO1 e VO10, respetivamente, nos mesmos clados com *Trametespo/yzona* (KF573171.1) proveniente da Venezuela e *Trametescubensis* (JN164834.1) proveniente do Mississipi.

Estes genes codificadores de proteínas (RPB1 e TEF1) superaram o ITS na separação das espécies de *Trametes* recolhidas na Nigéria nas espécies a que pertencem. Verificou-se que a reconstrução filogenética em Agaricomycetes a diferentes níveis taxonómicos é melhor resolvida com genes codificadores de proteínas, tais como a subunidade maior da RNA polimerase II (RPB1), a subunidade segunda maior da RNA polimerase II (RPB2) e o fator de alongamento da tradução 1-alfa (TEF1) (Frpslev *eta/.,* 2005; Matheny *et a/.,* 2007; Justo e Hibbet, 2011). Além disso, recentemente, Carlson *et al.* (2014) relataram que os genes codificadores de proteínas (RPB1 e TEF1) resolveram melhor os limites das espécies do complexo *T. elegans*, enquanto o RPB2 apresentou resultados semelhantes ao ITS.

A mesma tendência acima foi observada para a árvore filogenética gerada a partir de sequências RPB2 de espécies de *Trametes* recolhidas da Nigéria, exceto o Grupo 4 (VO10) que foi anteriormente identificado como *Trametes cubensis* pelos genes codificadores de proteínas TEF1 e RPB1, que foi aninhado no mesmo clado que *Trametes lactinea* (JN645121.1, proveniente de Taiwan) na árvore filogenética gerada por RPB2 utilizando a máxima parcimónia (Fig.4). Um estudo anterior de Oyetayo (2014) aninhou algumas das espécies de *Trametes* recolhidas na Nigéria no mesmo clado com *T. lactinea* e *T. cubensis.* Isto mostra que estão mais relacionadas com estas duas espécies. O género Leiotrametes tinha sido anteriormente proposto por Welti *et al.* (2012) para acomodar *Trametes lactinea* e *T. menziessi.* Welti *et al.* (2012) relataram ainda que os dados ITS de *T. lactinea* são idênticos a *T. cubensis,* uma espécie tipo de Cubamyces, um género criado por Murrill há mais de cem anos (Murrill, 1905). Leiotrametes foi, portanto, considerado um sinónimo de Cubamyces (Welti *et al.,* 2012). As sequências de RPB2 também aninharam o Grupo3 (VO18), que não foi resolvido por TEF1 e RPB1, no mesmo clado com *Trametes cinguiata* (JN645120.1) recolhido no Malawi.

O estudo revelou que os genes codificadores de proteínas de árvores (TEF1, RPB1 e RPB2) resolveram melhor a identidade das espécies de *Trametes* recolhidas na Nigéria do que os dados da sequência ITS. No entanto, observou-se que o RPB2 resolveu a identidade do Grupo 3 (V018) como *T. cinguiata,* enquanto os dados de sequência gerados a partir dos outros dois genes codificadores de proteínas (TEF1 e RPB1) não o fizeram. O estudo revelou também que *Trametespo/yzona* e *T cinguiata da* Nigéria estão mais relacionados com *T po/yzona* e *T. cinguiata* provenientes do Gana e do Malavi, respetivamente.

RECONHECIMENTO

Os autores gostariam de agradecer o apoio financeiro da Academia Chinesa de Ciências (CAS). Oyetayo, V.O. é um bolseiro da Iniciativa Internacional de Bolsas de Estudo do Presidente do CAS (PIFI) de 2015 para o Instituto de Microbiologia, Academia Chinesa de Ciências, Pequim, China. Y-.J Yao acolheu graciosamente Oyetayo, V.O. no seu laboratório, durante o qual este estudo foi realizado.

Referências

Adeyelu, A.T., **Oyetayo, V.O.** e Awala, S.I. (2016) Avaliação da propriedade anti-candidíase de um macrofungo selvagem, *Trameteslactinea,* em espécies de Candida clinicamente isoladas. Anais de Medicina Complementar e Alternativa. 1 (1): 4-8.

Callac, P. e Guinberteau, J. (2005) Caracterização morfológica e molecular de duas novas espécies de *Agaricus* secção *Xanthodermatei.* Mycologia 97: 416-424. http://dx.doi.org/10.3852/mycologia.97.2.416

Carlson A, Justo A e Hibbet DS (2014) Delimitação de espécies em Trametes: uma comparação das filogenias dos genes ITS, RPB1, RPB2 e TEF1. Mycologia, 106(4), , pp. 000-000. DOI: 10.3852/13-275.

Crous, W.P., Rong, H.I., Wood, A., Lee, S. e Glen, H. (2006) Quantas espécies de fungos existem na ponta de África? Stud. Mycol. 55: 13-33.

Cui DZ, Zhao M, Yang HY, Wang CL e Dai HB. (2011) Filogenia molecular de Trametes e géneros relacionados com base no espaçador interno transcrito (ITS) e no ADN ribossómico de subunidade pequena mitocondrial quase completo (mt SSU

Afri J Biotech, 10(79): 18111-18121.

FrOslev TG, Matheny PB e Hibbett DS (2005) Lower-level relationships in the mushroom genus Cortinarius (Basidiomycota, Agaricales): a comparison of RPB1, RPB2 and ITS phylogenies. Mol Phylogenet Evol 37: 602-618, doi:10.1016/j.ympev.2005.06.016

Gilbertson RL e Ryvarden L (1987) *NorthAmericanpolypores,* vol. 2.

Volume especial de Synopsis Fungorum. Oslo: Fungiflora. Kirk PM, Cannon PF,

Hammond, P.M. (1992) Species inventory. In: Global biodiversity status of the earth's living resources. Groombridge, B. (Ed.) Chapman and Hall, Londres, pp: 17-39.

Hawksworth, D.L. (1993) A biota tropical: Censo, pertinência, profilaxia e prognóstico. In: Aspects of tropical mycology, Isaac, S, J.C. Frankland, R. Watling e A.J.S. Whaley (Ed.). Cambridge University Press, Cambridge, pp: 265-293.

Hawksworth, D.L. (2001) The magnitude ofungal diversity. The 1.5 million species estimate revisited. Mycological research, 105: 1422 -1432.

Idu, M., Osemwegie, O.O., Timothy, O. e Onyebe, I.H. (2007) A survey of plants used in traditional health care by Waja tribe Bauchi state, Nigeria. PlantArch., 7: 535- 538.

Justo A and Hibbett DS (2011) Phylogenetic classification ofTrametes (Basidiomycota, Polyporales) based on a fivemarker dataset. Táxon

60:1567-1583

Ko KS e Jung HS (1999) Molecular phylogeny of Trametes and related genera. Anton Leeuw IntJ G, 75: 191-199.

Liu YL, Whelen S e Hall BD (1999) Relações filogenéticas entre ascomicetes: Evidência de uma subunidade da RNA polimerase II.*Molec. Biol. Evol.16:* 1799-1808.

Matheny PB, Wang Z, Binder M, Curtis JM, Lim YW, Nilsson HR, Hughes KW, Hofstetter V, Ammirati JF, Schoch C, Langer E, Langer G, McLaughlin DJ, Wilson AW, Frpslev TG, Ge ZW, Yang ZL, Baroni TJ, Fischer M, Hosaka K, Matsuura K, Seidl MT, Vauras J e Hibbett DS (2007) Contribuições de rpb2e *tefl* para a filogenia de cogumelos e aliados (Basidiomycota, Fungi). *Molec. Phylogenet. Evol.* 43: 430-451.

Matheny PB (2005) Improving phylogenetic inference of mushrooms with RPB1 and RPB2 nucleotide sequences *(Inocybe,* Agaricales).*Molec. Phylogenet. Evol.35:* 1-20.

Matheny PB, Liu YJ, Ammirati JF e Hall BD (2002) Using RPB1 sequences to improve phylogenetic inference among mushrooms *(Inocybe,* Agaricales). *Amer.J.Bot.* 89: 688-698.

Miettinen O e Larsson KH (2010) Sidera, um novo género em Hymenochaetales com espécies poróides e hidnoides. Mycol Progress, 10:131-141.

Minter DW e Stalpers JA (2008) Dictionary of the Fungi (10ª ed.). Wallingford, Reino Unido: CAB International. p. 695.

Murrill WA (1905) The Polyporaceae of North America XII. Uma sinopse das espécies pileadas brancas e de cores vivas. Bull Torrey Bot Club 32:469-493, doi:10.2307/2478463

Pegler, D.N.(1977) A preliminary agaric flora of East Africa. Boletim de Kew Série Adicional 6. 615 p.

Pegler, D.N. e Piearce, G.D. (1980) The edible mushrooms of Zambia (Os cogumelos comestíveis da Zâmbia). Kew Bulletin 35: 475-491.

Osemwegie, O.O., Okhuoya, J.A., Oghenekaro, A.O. e Evueh, G.A. (2010) Comunidade de Miacrofungi numa plantação de borracha e numa floresta de Edo Estado, Nigéria. Journal ofApplied Sciences 10(5): 391-398.

Oyetayo, V.O., Nieto- Camacho, A., Ramırez-Apana, M.T., Baldomero, E. R. e Jimenez, M. (2013) Fenol Total, Propriedades Antioxidantes e Citotóxicas de

Macrofungi selvagens recolhidos em Akure, sudoeste da Nigéria. Jordan Journal of Biological Sciences. 6(2): 5 - 10.

Oyetayo VO (2014) Identificação molecular de espécies de Trametes recolhidas em Estados de Ondo e Oyo, Nigéria. Jordan Journal of Biological Sciences 7(3): 165 - 169.

Pegler, D.N.(1977) A preliminary agaric flora of East Africa. Boletim de Kew Série Adicional 6. 615 p.

Pegler, D.N. e Piearce, G.D. (1980) The edible mushrooms of Zambia (Os cogumelos comestíveis da Zâmbia). Kew Bulletin 35: 475-491.

Ryvarden L (1991) Genera of Polypores. Nomenclatura e Taxonomia. Sinopse fungorum 5. Fungiflora, Oslo, Noruega, 363 pp.

Seo GS e Kirk PM (2000) Ganodermataceae: Nomenclatura e classificação, In: Flood, J., P.D. Bridge e P. Holderness (Eds.),Ganoderma Disease of Perennial Crops. CABI Publishing, Walling Ford, Reino Unido, pp. 3 - 22.

Stiller JW e Hall BD (1997) The origin of red algae: Implications for plastid evolution. Proc Natl Acad Sci USA 94:4520-4525, doi:10.1073/pnas.94.9.4520

Rehner SA and Buckley E (2005) A Beauveria phylogeny inferred from nuclear ITS and EF1-a sequences: evidence for cryptic diversification and links to Cordyceps teleomorphs. Mycologia 97: 84- 98, doi:10.3852/mycologia.97.1.84

Thomson JD, Gibson TJ, Plewniak F, Jeanmougin F e Higgins DG (1997) The Clustal_X windows interface: Estratégias flexíveis para o alinhamento de sequências múltiplas com o auxílio de ferramentas de análise da qualidade. Nucleic Acids Res., 25: 4876-

4882.

Tomsovsky M, Kolalık M, Sylvie Panoutova S and Homolka L (2006) Molecular phylogeny of European Trametes (Basidiomycetes, Polyporales) species based on LSU and ITS (nrDNA) sequences. Verlagsbuchhandlung, D-14129 Berlin ▪ D- 70176 Stuttgart

Welti S, Moreau PA, Favel A, Courtecuisse R, Haon M, Navarro D, Taussac S, Lesage-Meessen L (2012) Filogenia molecular de Trametes e géneros relacionados, e descrição de um novo género Leiotrametes. Fungal Divers 55:47-64, doi:10.1007/s13225-011-0149-2

White TJ, Bruns TD, Lee SB, Taylor JW (1990) Amplificação e sequenciação direta de genes de ARN ribossómico de fungos para filogenética. In: Innis MA, Gelfand DH, Sninsky JJ, White TJ, eds. PCR protocols: a guide to methods and applications. New York: Academic Press. p 315-322.

Zakaria L, Ali NS, Salleh B e Zakaria M (2009) Análise molecular de espécies de Ganoderma de diferentes hospedeiros na Península da Malásia. J Biol Sci., 9(1): 12-20.

Zhang X, Yuan J, Xiao Y, Hong Y e Tang C (2006) Um estudo primário sobre a taxonomia molecular de espécies de Trametes com base nas sequências ITS do rDNA. Mycosystema, 25(1):23-30.

Zolan ME e Pukkila PJ (1986) Inheritence of DNA methylation in *Coprinus cinereus.* Mol Cell Biol, 6: 195-200.

Quadro 1: Tentativa de identidade das espécies de Trametes recolhidas na Nigéria, revelada por fragmentos ITS

Code	Tentative Identity	Ascension Number of closest Relative	Identification
VO1	*Trametes polyzona*	JN164978.1	99
VO2	*Trametes* species	-	99
VO3	*Trametes* species	-	99
VO4	*Trametes polyzona*	JN164980.1	99
VO5	*Trametes* species	-	99
VO6	*Trametes polyzona*	JN164980.1	99
VO7	*Trametes* species	-	99
VO8	*Trametes elegans*	JN164928.1	98
VO9	*Trametes elegans*	JN164973.1	98
VO10	*Trametes* species	-	99
VO11	*Trametes* species	-	99
VO12	*Trametes* species	-	99
VO13	*Trametes polyzona*	JN164978.1	99
VO14	*Trametes elegans*	JN164973.1	98
VO15	*Trametes elegans*	JN164928.1	98
VO16	*Trametes polyzona*	JN164978.1	99
VO17	*Trametes elegans*	JN164928.1	98

VO18	*Trametes* species	-	98
VO19	*Trametes* species	-	99
VO20	*Trametes elegans*	JN164937.1	98
VO21	*Trametes polyzona*	JN164978.1	99
VO22	*Trametes elegans*	JN164936.1	98
VO23	*Trametes elegans*	JN164928.1	98
VO24	*Trametes elegans*	JN164936.1	98
VO25	*Trametes elegans*	JN164937.1	98
VO26	*Trametes polyzona*	JN164980.1	99

Placa 1: Fotografia em direto de *Trametes po/yzona*

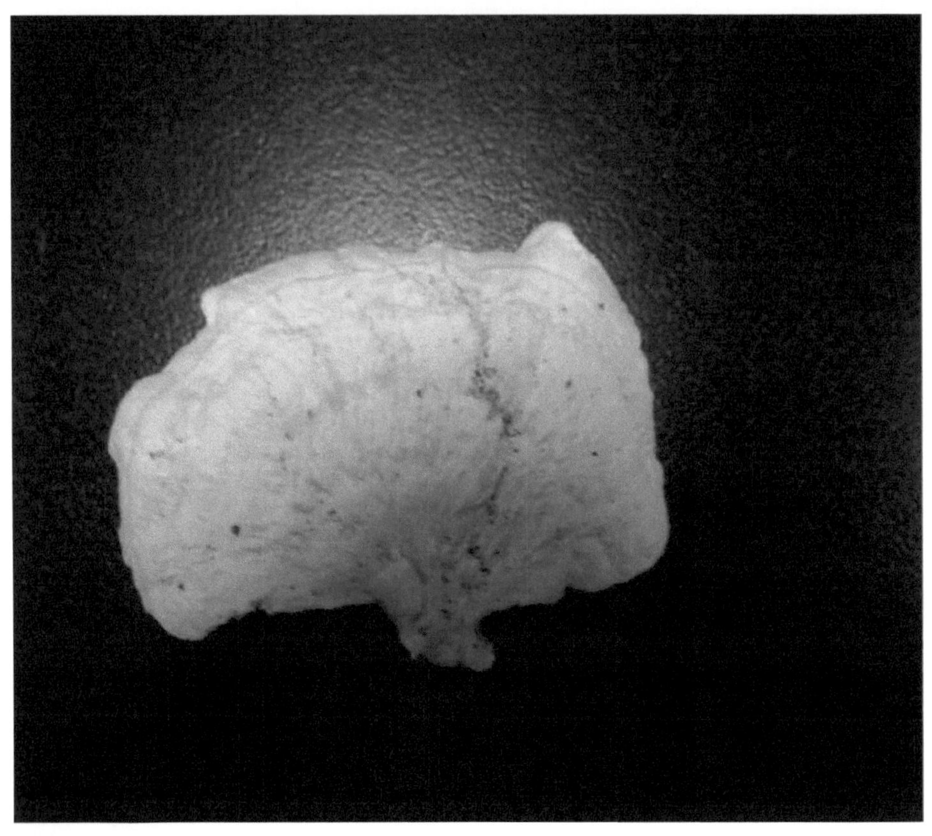

Placa 2: Aspeto morfológico de *Trametes* elegans (Abhymenial)

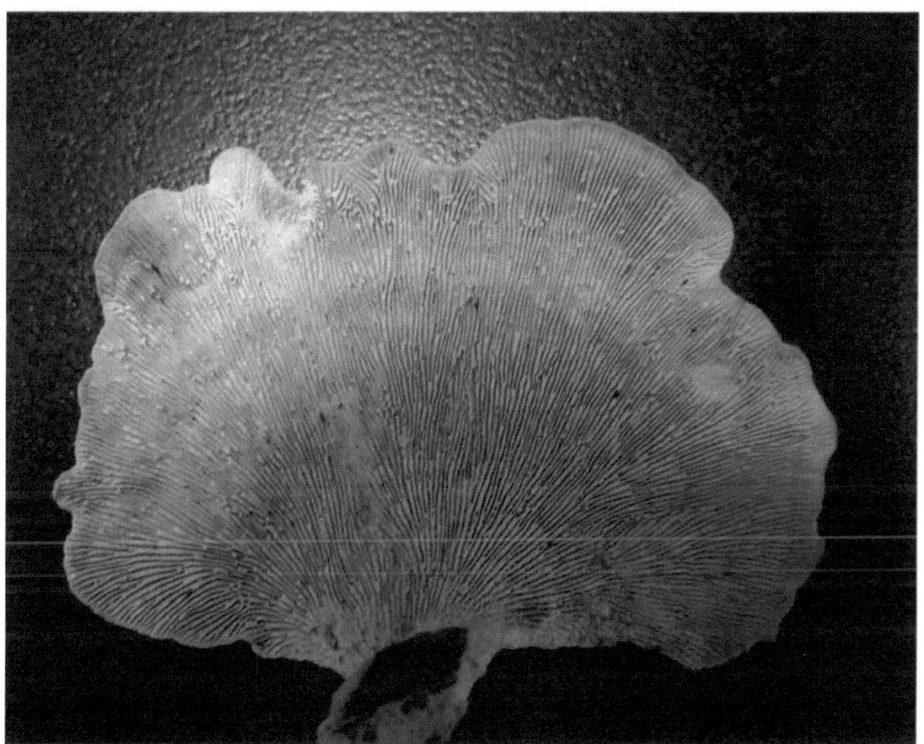

Placa 3: Aspeto morfológico de *Trametes* elegans (Hymenium**).**

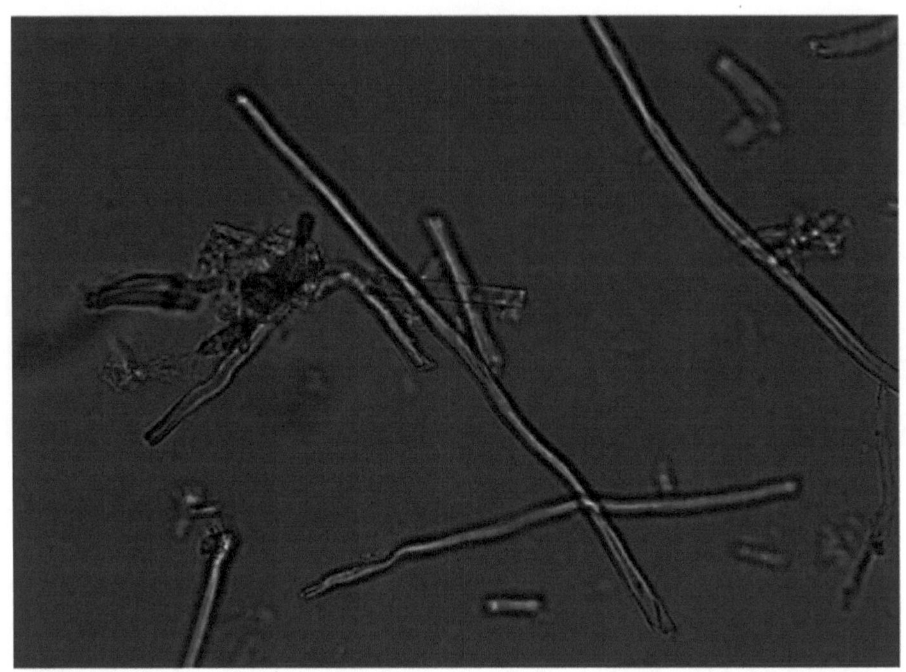

Placa 4: Hifas de *Trametes e/egans*

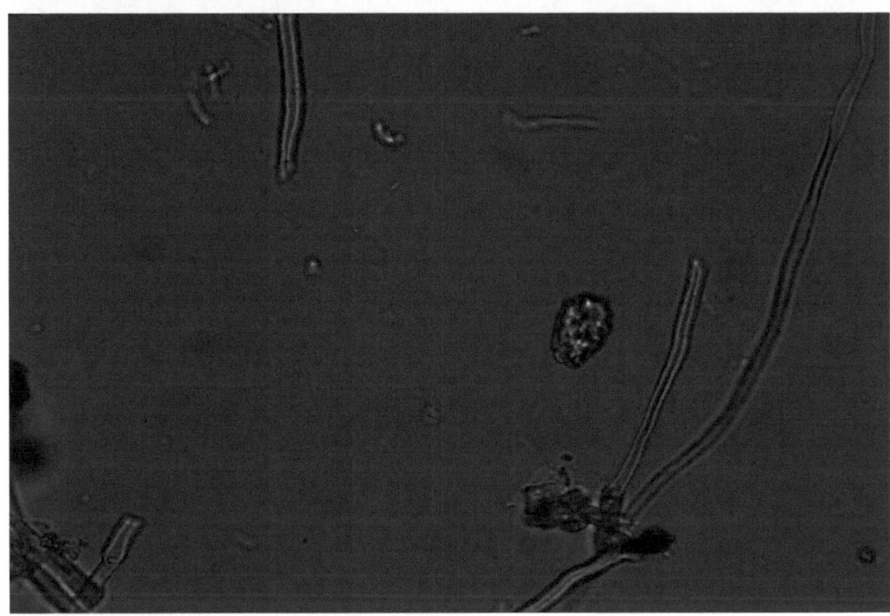

Placa 5: Esporos de *Trametes e/egans*

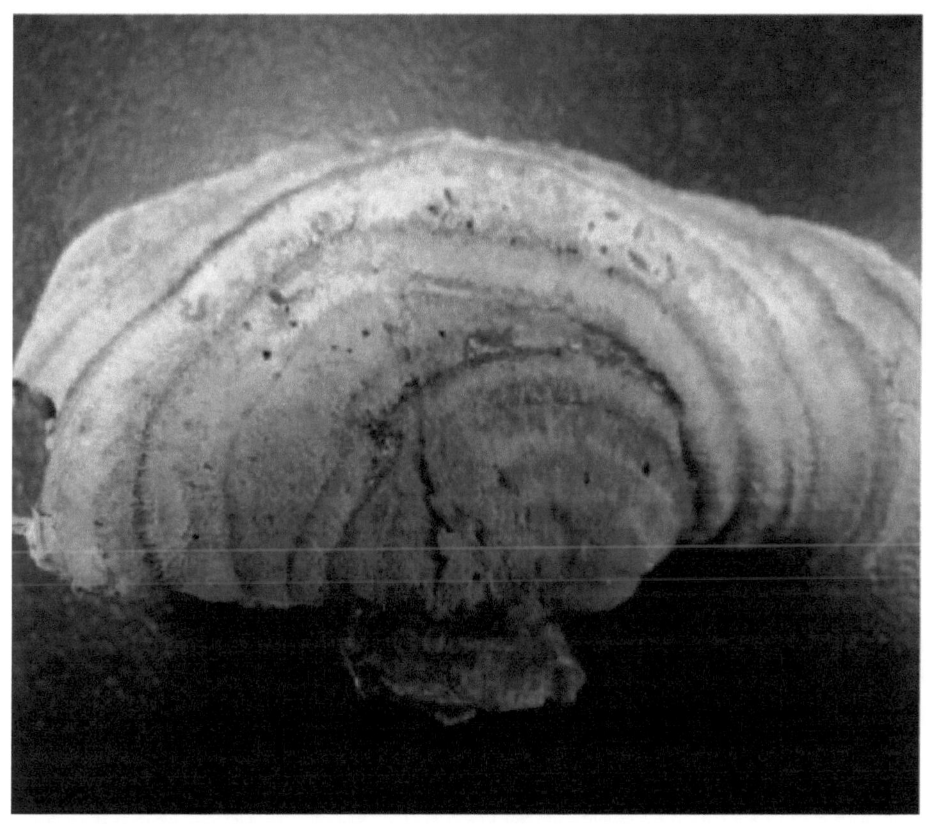

Placa 6: Aspeto morfológico de *Trametes* polyzona (Abhymenial**).**

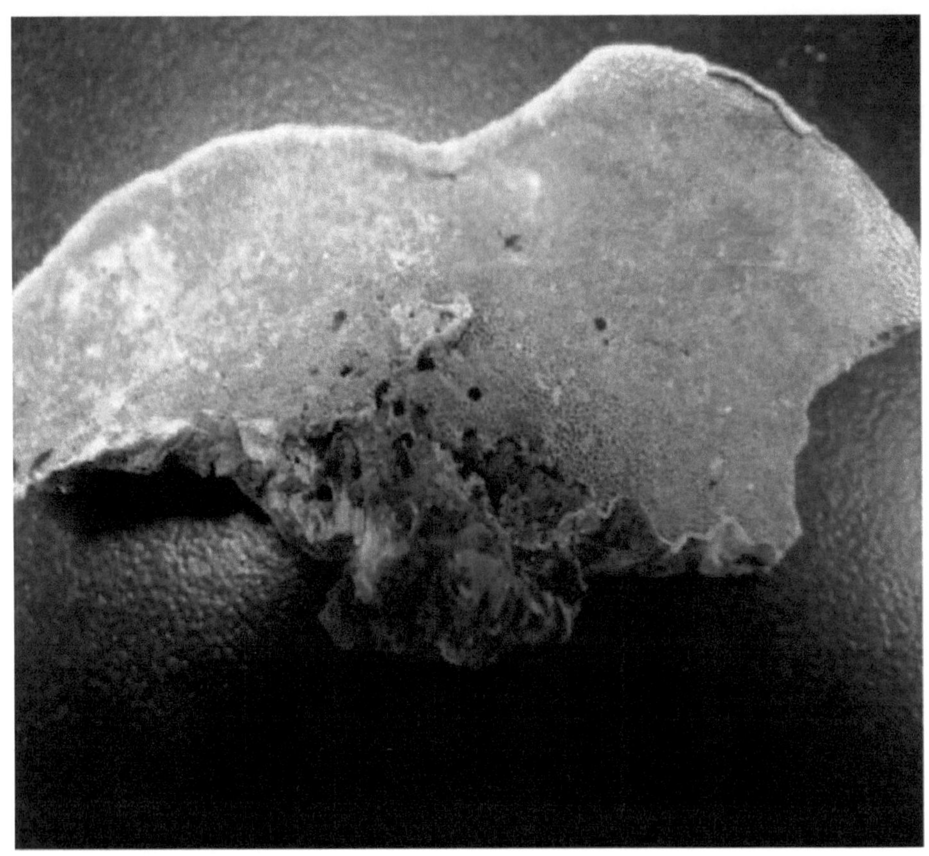

Placa 7: Aspeto morfológico de *Trametes* polyzona (hímenium)**.**

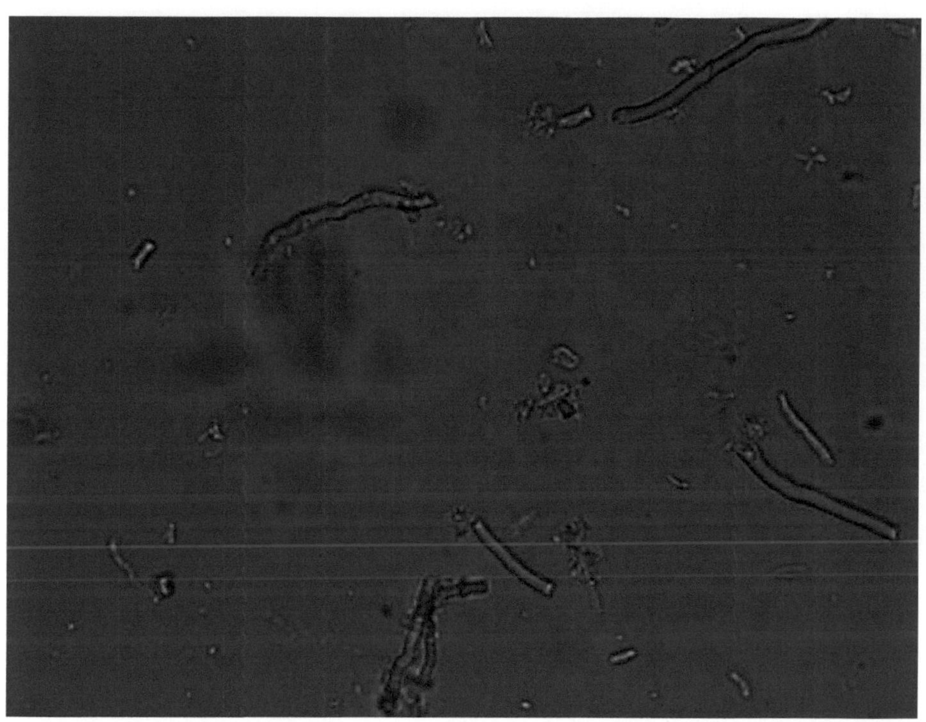

Placa 8: Hifas de *Trametes Polyzona*

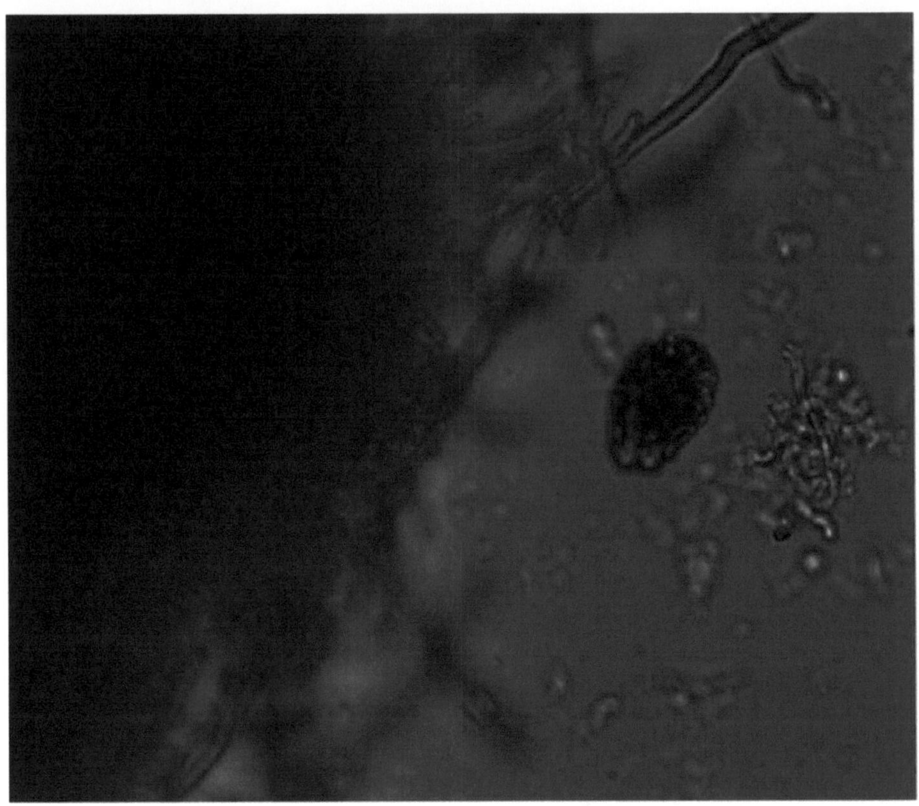

Placa 9: Esporo de *Trametes Po/yzona*

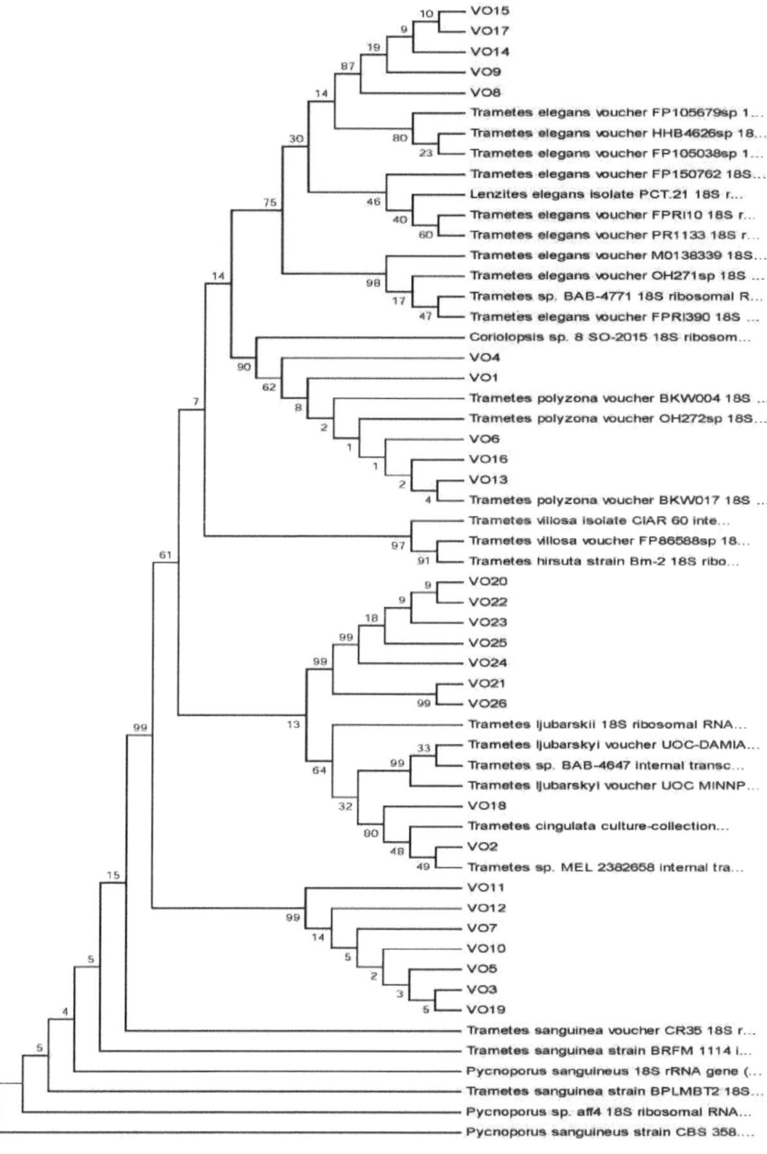

Fig. 1: Árvore filogenética gerada a partir do conjunto de dados ITS de espécies de *Tra metes* recolhidas na Nigéria e sequências do GenBank

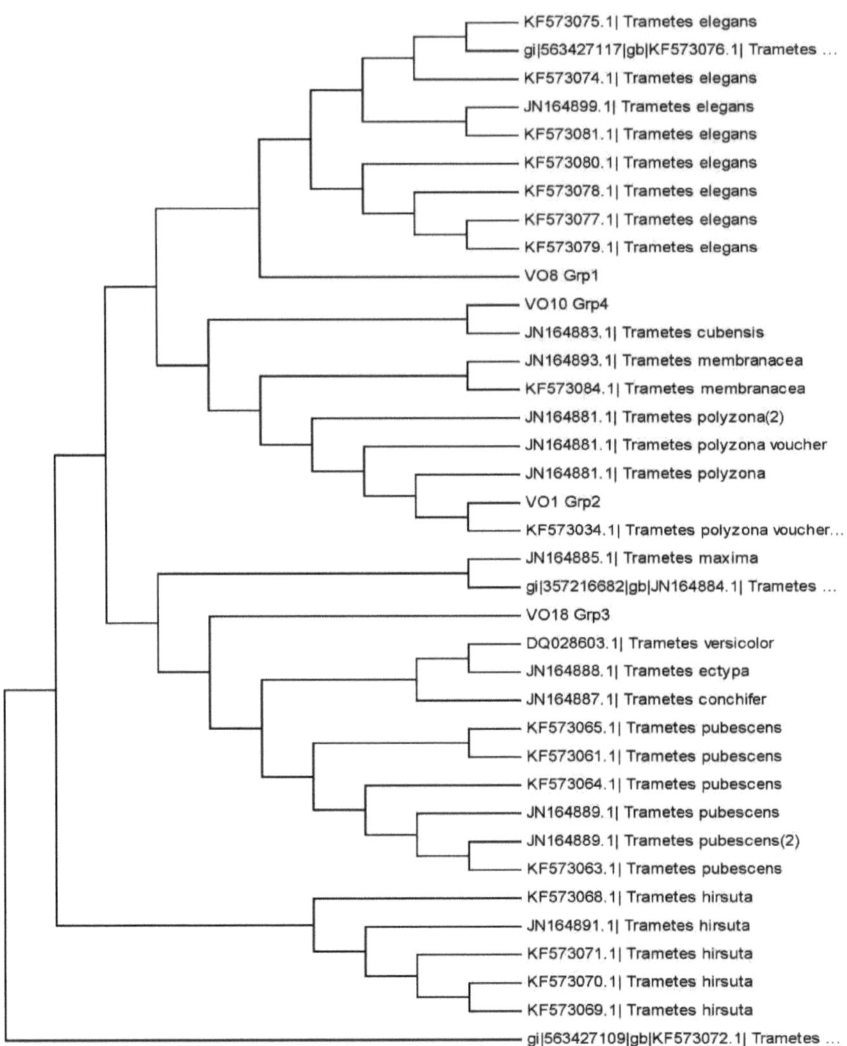

Fig.2: Árvore filogenética inferida a partir de sequências TEF1 de espécies de *Trametes* recolhidas na Nigéria

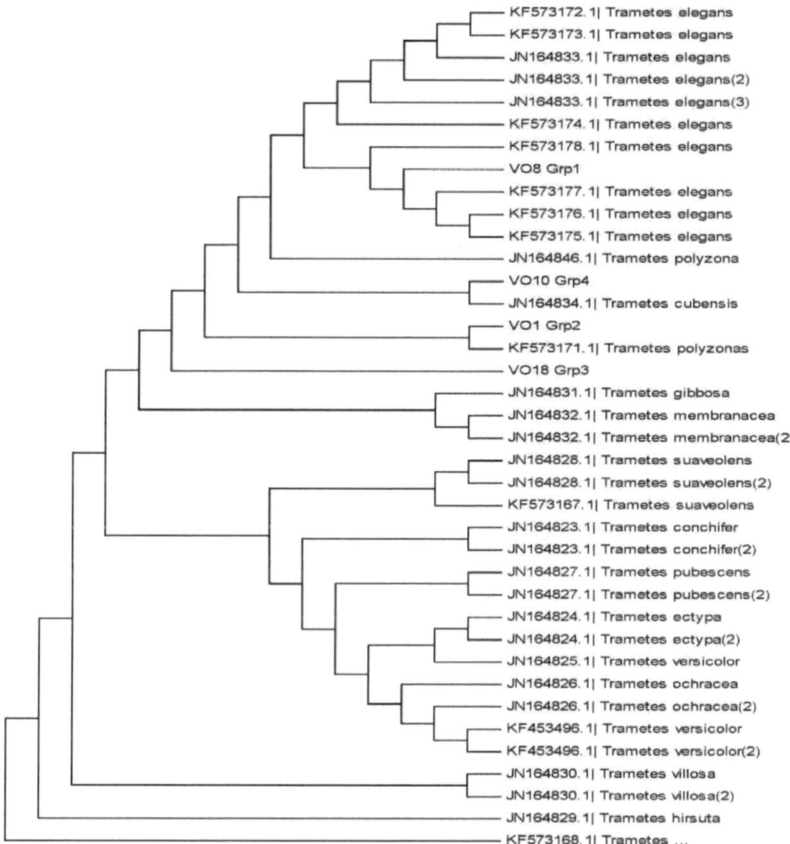

Fig.3: Árvore filogenética gerada a partir do conjunto de dados RPB1 de *Trametes*

espécies recolhidas na Nigéria e sequências do GenBank.

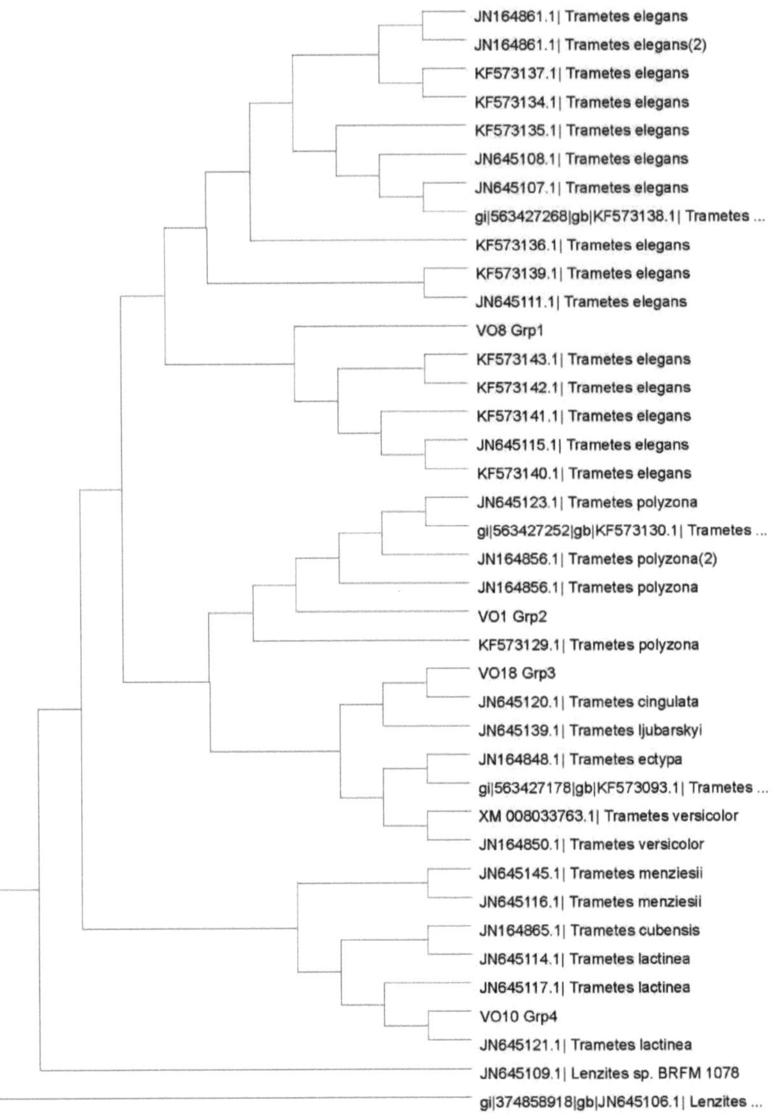

Fig.4: Árvore filogenética de espécies de *Trametes* recolhidas na Nigéria tal como inferido pelas sequências RPB2

Printed by Books on Demand GmbH, Norderstedt / Germany